中国地质调查局地质调查项目(DD20190825、DD20221758)
国家重点研发计划课题(2017YFC0406104)　　资助
广西重点研发计划(桂科 AB18050026、桂科 AB22080070)

保护岩溶水资源

BAOHU YANRONGSHUI ZIYUAN

朱丹尼　周长松　阳　静　邹胜章　卢　丽
樊连杰　林永生　王　佳　邓日欣　杨烨宇　著

内容简介

本书为科普读物，旨在向大众介绍与岩溶水相关的基础知识，提高大众对岩溶水资源的保护意识。全书共分4章13节，第1章为“岩溶及岩溶水”，介绍了岩溶和岩溶水的基本概念，以及岩溶水系统的结构、特征及演化过程；第2章为“岩溶水循环”，详细介绍了岩溶水的转化模式及补给、径流、排泄特征；第3章为“岩溶水环境”，归纳了我国岩溶地下水污染现状，总结了几种典型的岩溶水污染模式；第4章为“岩溶水资源保护”，介绍了如何健康饮用岩溶水、合理开发岩溶水以及岩溶水资源保护措施等。

本书以岩溶水系统为切入点，详细介绍了岩溶水循环过程、岩溶水污染以及岩溶水资源保护的相关政策法规。本书可作为对岩溶地质感兴趣的中小学生的提高性科普读物，也可供从事岩溶地下水研究的科研人员及相关生产人员参阅。

图书在版编目(CIP)数据

保护岩溶水资源/朱丹尼等著. —武汉：中国地质大学出版社，2022.9
ISBN 978-7-5625-5397-7

Ⅰ.①保… Ⅱ.①朱… Ⅲ.①岩溶水-水资源保护-普及读物
Ⅳ.①P641.134-49

中国版本图书馆CIP数据核字(2022)第160546号

保护岩溶水资源 朱丹尼 等著

责任编辑：舒立霞 责任校对：何澍语

出版发行：中国地质大学出版社(武汉市洪山区鲁磨路388号) 邮编：430074
电 话：(027)67883511 传真：(027)67883580 E-mail：cbb@cug.edu.cn
经 销：全国新华书店 http://cugp.cug.edu.cn

开本：880毫米×1230毫米 1/32 字数：68千字 印张：2.375
版次：2022年9月第1版 印次：2022年9月第1次印刷
印刷：湖北睿智印务有限公司

ISBN 978-7-5625-5397-7 定价：36.00元

前言

QIANYAN

水是生命之源、生产之要、生态之基。岩溶水(亦称岩溶地下水)作为重要的供水水源,为全球约25%的人口提供饮用和灌溉水源。岩溶区作为特殊地貌区,其独特的水土资源分布格局使得岩溶含水层对环境污染格外敏感。由于岩溶区常常缺少天然防渗层或过滤层,地表水和地表污染物极容易通过落水洞、天窗及漏斗等岩溶负地形直接进入岩溶含水层或地下河。岩溶水系统对环境变化具有特殊的敏感性和脆弱性,使得对岩溶水资源的保护面临更大的挑战。因此,保护岩溶水资源是事关人类生存和发展的根本问题,应受到大众的广泛关注,尤其应受到岩溶地区政府和居民的高度重视。

《保护岩溶水资源》是一本从岩溶水文地质工作者的视角综合阐述岩溶水系统、岩溶水循环过程、岩溶水污染以及岩溶水资源保护的科普读物,旨在向大众介绍什么是岩溶、什么是岩溶水以及预防岩溶水污染的紧迫性和岩溶水资源保护的重要性。本书是在中国地质调查局地质调查项目“乌蒙山地区水文地质调查(DD20190825)”(2019—2021年)和“重点岩溶区及珠江流域水文地质与水资源调查监测(DD20221758)”(2022年),以及国家重点研发计划课题“岩溶石漠化区地下河水资源化及生态功能保护研究与示范

(2017YFC0406104)”(2017—2021年)等项目的支持下，结合编者等人多年的野外科学调查实践完成的。该书作为一本科普书籍，意在向大众普及对“岩溶”和“岩溶水”的认识，进而提高大众保护岩溶水资源的意识，以更好地推动岩溶地质科普工作。

本书中部分资料和图片来源于中国地质科学院岩溶地质研究所的项目报告，文中未能一一列出，在此表示由衷感谢；另外，部分插图来源于公众号及网络，未能与原作者联系，敬请谅解。鉴于编者认知水平的限度，文中难免存在偏颇谬误之处，敬请广大读者不吝指正。

著者

2022年6月

目录

MULU

第1章

岩溶及岩溶水

YANRONG JI YANRONGSHUI

1.1 什么是岩溶

1.1.1 岩溶的概念

岩溶又称喀斯特(karst),喀斯特一词原本为克罗地亚伊斯特拉(Istria)半岛石灰岩高原的地名,19 世纪末欧洲学者斯维奇将“喀斯特”作为石灰岩地区一系列溶蚀作用过程和产物的名称,至今“喀斯特”已成为世界各国通用的专门术语。在我国,1966 年中国第二次喀斯特学术会议决定将“喀斯特”改为“岩溶”,后沿用至今。岩溶是指水对可溶性岩石(碳酸盐岩、硫酸盐岩、卤化物岩等)进行以化学溶蚀作用为主的综合地质作用(包括水的机械侵蚀和崩塌作用,以及物质的携出、转移和再沉积作用)的综合地质作用,以及由此所产生的现象的统称。岩溶现象的描述最早可追溯到战国至西汉初期,如《南次三经》中著有“又东五百八十里,曰南禺之山,其上多金玉,其下多水。有穴焉,水出辄入,夏乃出,冬则闭。佐水出焉,而东南流注于海……”,描述了南禺山有一个洞穴,春天有水流入洞中,夏天水则从洞穴流出,冬天洞内无水的景象。明代著名地理学家和文学家徐霞客曾在中国南方岩溶地区行程万里,细致地记录了各种岩溶现象,所著《徐霞客游记》是世界岩溶学及洞穴科学史上极为珍贵的文献史记。

1.1.2 岩溶的分布

据统计，全球岩溶分布面积约占陆地面积的12%，各大洲均有分布。欧洲和北美洲的加拿大、美国均有大片岩溶区，其中欧洲岩溶区面积占其陆地面积的35%，美国约有20%的国土为岩溶区。在亚洲，东南亚的越南、泰国，西亚的土耳其、伊朗、伊拉克、阿拉伯半岛，以及俄罗斯亚洲部分均有成片分布，而中国是岩溶分布最广泛的国家，岩溶面积约占国土面积的1/3，总面积约344万km^2。中国的岩溶分布之广，南北范围可由南海礁岛至北方的小兴安岭地区，东西范围可由帕米尔高原至台湾岛，由海拔8 848.86m的珠穆朗玛峰至东部海滨。各岩溶区因纬度、海拔和气候等因素的差异形成了丰富多彩的岩溶类型。其中，北方以山西为中心的岩溶高原和西南以广西、贵州为中心的岩溶区，构成了我国北方以岩溶大泉为主体，南方以峰林、峰丛、地下河系为主体的岩溶图景。其中又属西南岩溶区连片分布面积最大，岩溶发育最典型，岩溶形态最独特（图1.1）。

图1.1 桂林喀斯特世界自然遗产

（来源于 http://www.guilinchina.cn/gallery_feng.html）

1.1.3 岩溶的发育

岩溶是水与可溶性岩石相互作用的产物，岩溶化过程实际上就是水作为营力对可溶岩的改造过程。因此，岩石和水是岩溶发育的两个基本条件。其中，岩石是岩溶发育的物质基础，其成分与结构是控制岩溶发育的内部因素。首先，岩石必须是可溶的，否则水就不可能对其进行溶蚀，岩溶作用也就无法发生；其次，可溶性岩石必须具有透水性，水流才能进入岩石内部进行溶蚀，如此地下水才能起主导作用，形成作为岩溶标志的地下孔洞。就水而言，首先水必须具有溶蚀能力，纯水的溶蚀能力是很微弱的，只有当CO_2溶入水中形成碳酸，或水中含有其他酸类时，水才具有一定的溶蚀力，才能对可溶性岩石产生溶蚀作用；其次，水必须是流动的，一旦进入可溶岩内部的地下水停滞而不进行循环，那么具有一定侵蚀能力的水就会变成饱和溶液而失去溶蚀力，岩溶就会停止发育。因此，岩石的可溶性、透水性和水的溶蚀性、流动性，就成为岩溶作用和岩溶发育的基本条件。此外，气候、地形、生物和土壤等自然条件，作为影响岩溶作用和岩溶发育的外部因素，亦是通过上述岩溶发育的基本条件而起作用的。例如，气候总体决定了一个地区的植被和土壤条件，而植被和土壤又是地下水中CO_2的主要来源，因此，植被、土壤发育的湿热气候条件极有利于岩溶的发育。

岩溶地貌发育过程具有显著的阶段性，在地壳运动的情况下，其发育过程会经历幼年期、青年期、壮年期而达老年期(图 1.2)。幼年期岩溶，地表出现溶沟、石芽和溶斗，有较完整的地表水系。青年期岩溶，地表岩溶地貌发育，地表水通

过岩溶负地形迅速转入地下，地表水系消失，仅存主干流水系。壮年期岩溶，地表可见大量溶蚀洼地、溶蚀谷地。老年期岩溶，溶洞顶板坍落，部分地下河出露地表，不透水岩层广泛出露，地表水系发育，仅留一些岩溶孤峰、残丘等(图1.3)。

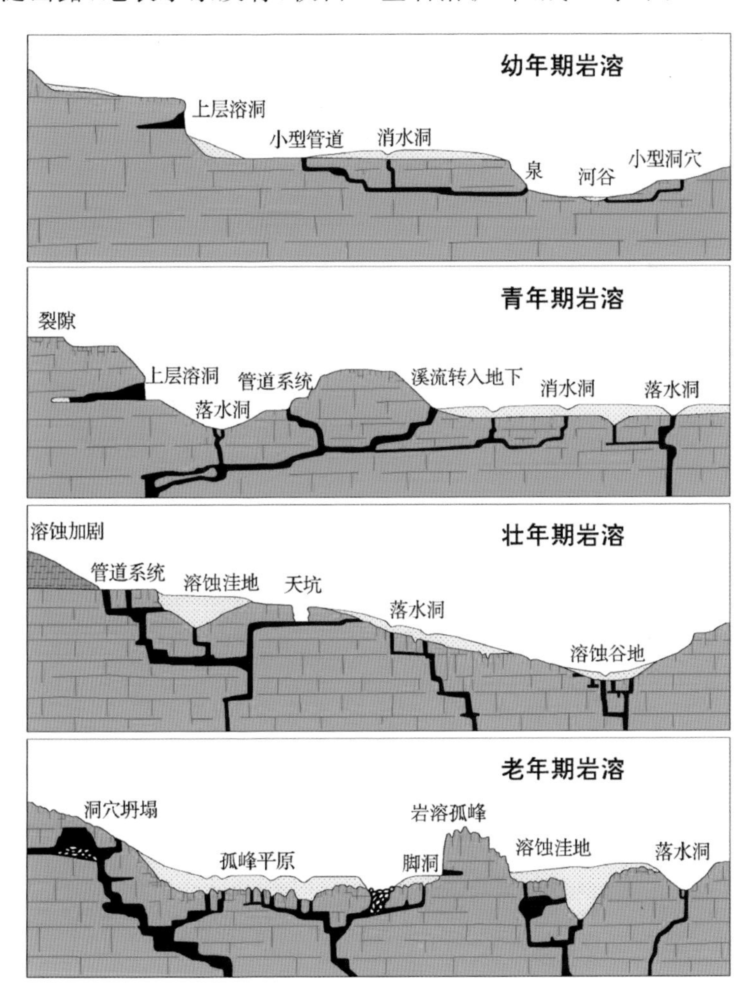

图1.2　岩溶发育示意图

(修改自“中国岩溶探险”公众号,《岩溶地质经典原理图》,2021-10-29)

图 1.3　各阶段岩溶发育形态图

1.2 什么是岩溶水

1.2.1 岩溶水的定义

岩溶水是指赋存并运移于可溶性岩石中的水。在以滇黔桂为代表的我国南方裸露岩溶区，地表水和地下水相互频繁转化，两者间的水质特征基本一致。因此，在我国南方裸露岩溶区，地表水和地下水均可称为岩溶水。根据岩溶水的出露特征，可将岩溶水划分为岩溶泉和地下河（图1.4～图1.6）；根据其埋藏条件，可将岩溶水划分为裸露型岩溶水、覆盖型岩溶水和埋藏型岩溶水。

图1.4　贵州省丹寨县高要村不老泉

图 1.5　云南省富源县大梨树岩溶泉

图 1.6　岩溶地下河

1.2.2 岩溶水的特征

与其他类型地下水相比，岩溶水的独特性在于，通过差异性溶蚀和岩溶水的自组织作用不断改造其赋存空间，使岩溶含水空间不断向地下深部发展，从而造成岩溶区地表水漏失严重，而深部地下水富集并逐渐趋于地下河系化。由于岩溶地下水主要赋存于宽大的溶蚀孔、溶缝、溶洞和地下管道内，因此其水量丰富，但地下水分布具有显著不均一性。这种不均一性表现在，岩溶水并不是均匀地遍及整个可溶岩的分布范围，而是存在于可溶岩的溶蚀裂隙、溶洞中，所以往往同一岩溶含水层在同一标高范围内，或者同一地段，甚至只相距几米，岩石的含水量可相差数十倍至数百倍。

1.2.3 岩溶水的作用

水量丰富的岩溶水是理想的供水水源。据统计，全球岩溶水储量约 226 万 km^3，为全球约 25% 的人口提供饮用水源。美国的得克萨斯州和密西西比河流域东部、佛罗里达州的城市和工农业供水均主要依靠岩溶地下水，奥地利和斯洛文尼亚城市供水的 50% 以上依靠岩溶水。而中国 1/4 的地下水资源分布在岩溶区，在我国近 30 个大中型城市、约 20% 的人口以岩溶水为主要供水水源。在我国西南地区，岩溶水常常是唯一或主要饮用和灌溉水源，如贵州省丹寨县高要村不老泉，是高要村1200余人的饮用水源和1000亩（1亩≈666.7m^2）高要梯田的灌溉水源（图1.7），同时支撑高要梯田旅游业的发展。另外，岩溶区的奇峰异洞、岩溶大泉及地下河也是宝贵的旅游资源。世界上很多著名的大泉都是岩溶泉，如美国的银泉（Silver Spring），其枯季流量可达15.3m^3/s；法国著名的伏克留斯泉，最小流量也有4.0m^3/s；克罗地亚的欧姆勃拉泉，最大流量约150m^3/s，最小约4m^3/s。我国著名的山西太原晋祠泉、山东济南趵突泉都是典型的岩溶大泉（图1.8、图1.9），亦是家喻户晓的文化旅游名胜。另外，广东连州地下河、广西乐业天坑、贵州遵义双河溶洞、贵州毕节织金洞以及神秘且极负盛名的洪都拉斯伯利兹大蓝洞，均是由岩溶发育及岩溶水的运动经千万年"雕琢"而形成的著名景点。因此，岩溶水水量和质量直接关系到广大民众的身体健康和社会经济发展。

图1.7　贵州省丹寨县高要梯田

图 1.8　山西太原晋祠泉(来源于 https://m.baike.so.com/doc/6635098-6848904.html)

图 1.9　山东济南趵突泉

(来源于 https://baike.baidu.com/item/趵突泉/162170? fr=aladdin)

1.3　岩溶水系统

1.3.1　岩溶水系统概念及意义

岩溶水赋存于可溶性岩石的空隙内，各空隙中的地下水相互联系、相互转换，在可溶岩体内形成具有统一水力联系的有机整体，便构成岩溶水系统。该系统具有相对固定的边界和汇流范围及储蓄空间，具有独立的补给、径流、排泄途径，形成相对独立的水文地质单元。岩溶水系统是岩溶动力系统的一个子系统，是岩溶系统中最活跃、最积极的地下水流系统，是以水循环为主要形式的物质能量传输系统，也是一个通过水与岩石介质不断相互作用、不断演化的自组织动力系统。由于岩石的可溶性以及水对岩石的差异性溶蚀，岩溶水在流动过程中不断扩展可溶岩的空隙，改变其形状，改造着自己的赋存与运动的环境，从而改造着自身的补给、径流、排泄与动态特征。岩溶水系统也是研究岩溶地下水资源、岩溶地下水循环及岩溶地下水环境的基本单元。

在岩溶水系统概念中，有岩溶含水系统和岩溶水流动系统之分(图 1.10、图 1.11)。人们对岩溶地下水系统的认识，

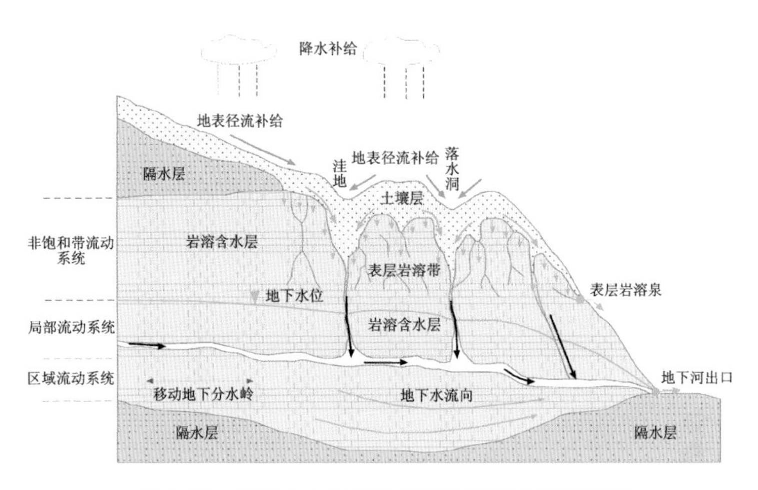

图 1.10　岩溶含水系统和岩溶水流动系统剖面图

（修改自“中国岩溶探险”公众号，《岩溶地质经典原理图》，2021-10-29）

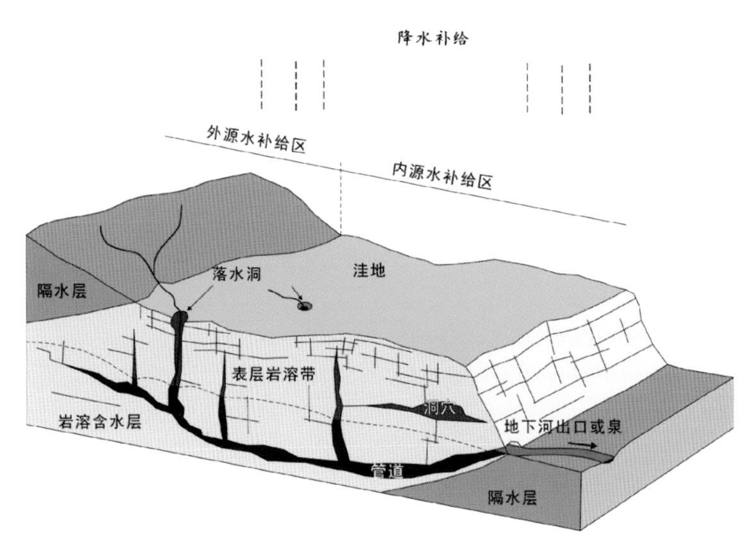

图 1.11　岩溶含水系统和岩溶水流动系统立体概念图

（修改自“中国岩溶探险”公众号，《岩溶地质经典原理图》，2021-10-29）

也是从局部逐渐演变为整体的。起初，在找水打井或泉水利用中，只注意到井孔或泉口附近含水层的局部情况。但随着井群开采导致地下水位降低，人们开始认识到含水层中的水是相互联系的，并逐渐形成岩溶含水系统的概念。另外，人们发现岩溶地下水会向地势低洼的地方径流、向地下河管道汇流，并且地下水可以穿越弱透水层向另一含水层运动，形成多级次的水流系统，进而认识到岩溶水流动系统。

岩溶含水系统亦称岩溶含水层系统，是指由几套岩溶含水层、隔水层或相对隔水层组成的，具有统一水力联系的含水岩系组。其中，岩溶含水层指能够传输并给出相对数量水的岩溶化可溶岩层，主要为碳酸盐岩。隔水层指不能传输且不能给出相对数量水的岩层，泥岩、页岩等透水性差的碎屑岩常常构成岩溶区的隔水层。相对隔水层也叫弱透水层，是介于含水层与隔水层之间的一种岩组类型，指本身不能给出相对数量水，但在垂直层面上能够传输水量的岩层。在岩溶区，相对隔水层通常为泥灰岩、泥质灰岩、泥质白云岩等弱岩溶化岩层。实际上，没有绝对的含水层，也没有绝对的隔水层，含水层与隔水层均是一个相对概念。例如，某一区域岩体只分布有泥灰岩和泥岩，那么因泥灰岩的含水性要远大于泥岩，则在该地区便可将泥灰岩含水岩组称为岩溶含水层，而泥岩为隔水层。就供水的功能来说，同一岩层，在不同场合可以归为含水层，也可以看作隔水层。例如，华北地区的下寒武统馒头组以碎屑岩为主夹薄层灰岩，一般均作为区域性隔水层，但在山区找水中，却可以把该层中的灰岩夹层作为找水目的层。在西南岩溶山区找水中，一些泥灰岩及薄层灰岩石山出露众多小泉水，则可成为山区村庄的分散供水水源。

岩溶水流动系统是指具有统一时空演变过程的岩溶地下水体，强调的是地下水的运动特征。地下水的运动是岩溶发育的重要条件之一，地下径流越强，地下水的侵蚀性越强，则越有利于岩溶发育。从地表向地下深处，地下水的运动逐渐减缓；相应地，岩溶发育强度也逐渐减弱。尽管岩溶缝洞个体的发育规模差异巨大、空间结构十分复杂，但在层状岩性、水动力条件、构造等因素控制下，岩溶发育强度在垂向上具有一定规律性，表现为带状分布特征。从地表向地下深处展布，可以将岩溶水的流动系统划分为非饱和带流动系统、局部流动系统和区域流动系统。非饱和带流动系统位于地下水面以上，此带中地下水以大气降水的间歇性垂向运动为主。地下水面以下一定深度在局部侵蚀基准面控制下形成局部流动系统，此带地下水径流强烈，水流以水平运动为主。此带向下为区域流动系统，地下水径流路径长，流速稳定且缓慢。

1.3.2 岩溶水系统特征

与孔隙、裂隙地下水系统比较而言，岩溶水系统具有其自身的独特性。首先，岩溶水系统具有显著的不均一性，主要体现在岩溶含水层的不均匀性和各向异性，表现为含水性或富水性在空间分布上的巨大差异，也表现为岩溶水体各部位之间水力联系的各向异性。岩溶水系统分布的不均一性给岩溶区打井找水、引泉供水等地下水开发带来一定困难。其次，岩溶水系统动态变化受大气降水和地表水的影响显著，水位及流量随时间动态呈现不稳定变化，岩溶地下水与地表水相互频繁转换。最后，岩溶水系统存在普遍的垂直分带性。在岩溶水动力作用下，岩溶发育呈现垂向分带性，自地表向下可细分为6个水动力分带(图1.12)：表层岩溶带、包气带、季节交替带、浅饱水带、压力饱水带、深部缓流带。表层岩溶带、包气带和季节交替带可统称为垂直入渗带，浅饱水带和压力饱水带可统称为水平径流溶蚀带。每一个岩溶带都发育有各自独特的岩溶形态和水动力条件。表层岩溶带和包气带内地下水以垂直向下的运动为主，岩溶垂向发育并在地表形成石林、石芽等规模相对较小的岩溶形态；中层季节交替带地下水以水平运动为主，兼有垂向运移，常发

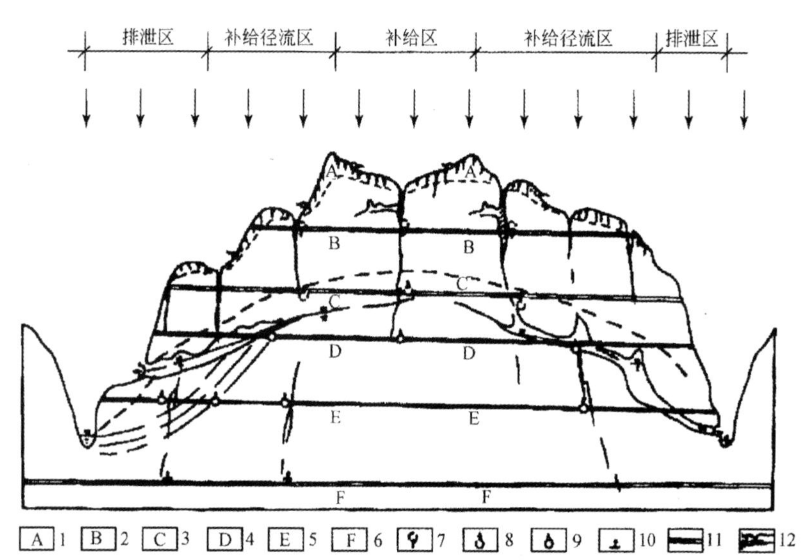

1. 表层岩溶带；2. 包气带；3. 季节交替带；4. 浅饱水带；5. 压力饱水带；6. 深部缓流带；7. 季节性下渗管流水；8. 季节性有压管流涌水；9. 有压管流涌水；10. 有压裂隙水；11. 隧道；12. 地下河。

图1.12　河间地块岩溶水动力垂直分带示意图(据韩行瑞，2015)

育形成具有较大规模的地下洞穴(如厅堂型洞穴)和地下河管道,地下水循环交替迅速,水动力作用强烈;下部压力饱水带水动力较弱,多为水平状层流,岩溶弱发育,一般以溶蚀孔洞为主。

1.3.3 岩溶水系统分类

由于自然环境及地质条件的不同,以及岩溶发育特征的差异,岩溶水系统具有各自的结构特征(包括边界条件、蓄水构造、含水介质)和补排特征等,从而形成各具特色的岩溶水系统结构场、水动力场、水化学场。岩溶水系统可按不同特征进行多层次分类。按岩溶水出露条件,可将岩溶水系统划分为四大类:岩溶地下河系统、岩溶泉系统、集中排泄带岩溶地下水系统、分散排泄带岩溶地下水系统。

岩溶地下河系统:由干流及其支流组成且具有统一边界条件和汇水范围的岩溶地下水系统(图1.13、图1.14)。地下河系统常具紊流运动特征,岩溶水地下通道是地下径流集中的通道,具有河流的主要特征,其动态变化明显受当地大气降水影响。地下河具有巨大的改道功能,像地表河一样,不断废弃一些旧河道(经常被泥沙充填),向下或向侧方开辟新的通道,以选择“优势”水流路线。有些地方形成深水塘,有些地方形成潜流或伏流通道。地下河系统,在地表有流域,在地下形成地下水文网,其支流有次级地下河,也有岩溶管道和溶蚀裂隙。

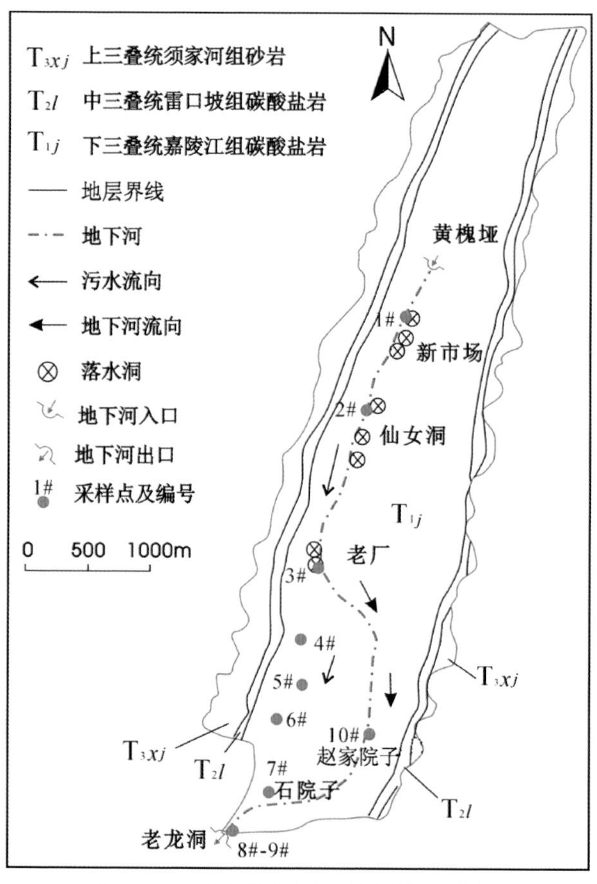

图 1.13　重庆老龙洞地下河系统展布图

岩溶泉系统:以个体泉的形式出露地表的岩溶地下水系统。岩溶泉系统与地下河系统的主要区别在于系统中地下水没有明显的集中储集和运移通道或空间,地下水仅在近排泄地带相对集中径流与排泄。岩溶泉系统又可根据含水介质和水流特征细分为岩溶裂隙泉和岩溶管道泉。

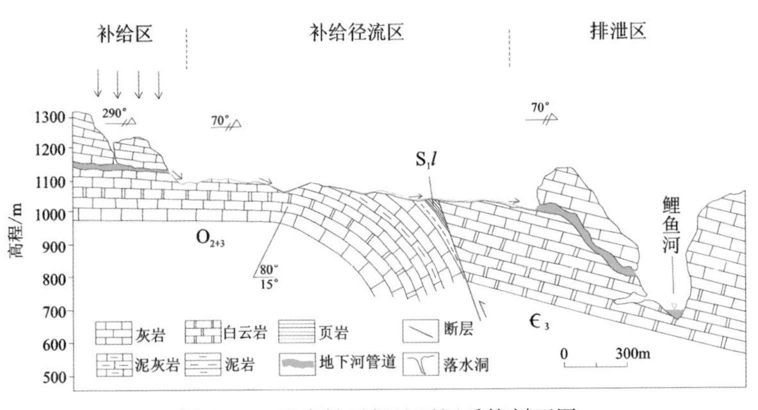

图1.14 重庆挑子坪地下河系统剖面图

集中排泄带岩溶地下水系统：岩溶地下水以多个岩溶泉或地下河的形式呈带状相对集中排泄，并具有共同的边界条件和汇水范围的岩溶地下水系统。集中排泄带系统往往含有两个或两个以上的岩溶泉，其最显著的特点是地下水出露点呈带状分布且在一定范围内排泄点相对集中。

分散排泄带岩溶地下水系统：指分散排泄的或无明显排泄口的岩溶地下水系统。其边界条件和汇水范围可能是共同的，也可能是不统一的。分散排泄带岩溶地下水系统与岩溶泉系统、集中排泄带岩溶地下水系统的主要区别在于地下水呈分散小泉或散流状排泄。在实际划分时，对不要求必须划分的小流量的岩溶泉或地下河均可归于此类。

1.3.4 岩溶水系统演化

岩溶水系统的演化体现在具有化学侵蚀性的水对可溶

岩的改造过程，实质上是含水介质的非均质化过程和水流的集中过程，其过程可概括为3个阶段：起动阶段、快速发展阶段及停滞消亡阶段。起动阶段，水流对介质的改造以化学溶蚀作用为主，水流主要在可溶岩的原始裂隙中运动，水流通道狭小，该阶段地下水的机械搬运能力尚未形成。快速发展阶段，水流对介质的改造表现为化学溶蚀和机械侵蚀作用共存，地下水具有一定的机械搬运能力，地表形成漏斗、落水洞、洼地等岩溶负地形，地下开始出现各种规模的洞穴和管道；岩溶水的差异性溶蚀和自组织现象越来越突出，地下河系不断归并，岩溶水系统不断扩大。停滞消亡阶段，随着管道争夺水流的竞争越来越激烈，地下水最终汇集于个别大的管道，并随着地下水位总体下降，新的地下水面以上洞穴干涸，失去进一步发展的动力，最终成为停滞发展的地下洞穴。

在中国南方典型裸露石灰岩地区，一个理想的岩溶水系统演化过程如下。

起初，地下水在原始的狭小孔隙或裂隙中流动(图1.15A)。随着差异性溶蚀的进行，岩溶水出现自组织现象，即水流不断向少数几个大管道汇集，逐渐形成地下河管道(图1.15B)。侵蚀基准较低的地下河势能较低，构成较强的势汇，吸引较多的水流，使溯源溶蚀不断发展，地下河系的流域不断扩展。当低势主干地下河扩展到与另一侧的地下河相通时，便袭夺后者使之成为低势地下河系的一部分(图1.15C)。而原先位置较高的岩溶洞穴管道悬留于岩溶水水位之上而干涸。岩溶水系统演变的自组织性，最终使由不同地下水流动系统造成的地下河统一成范围广大、排泄集中的地下河系(图1.15D)。

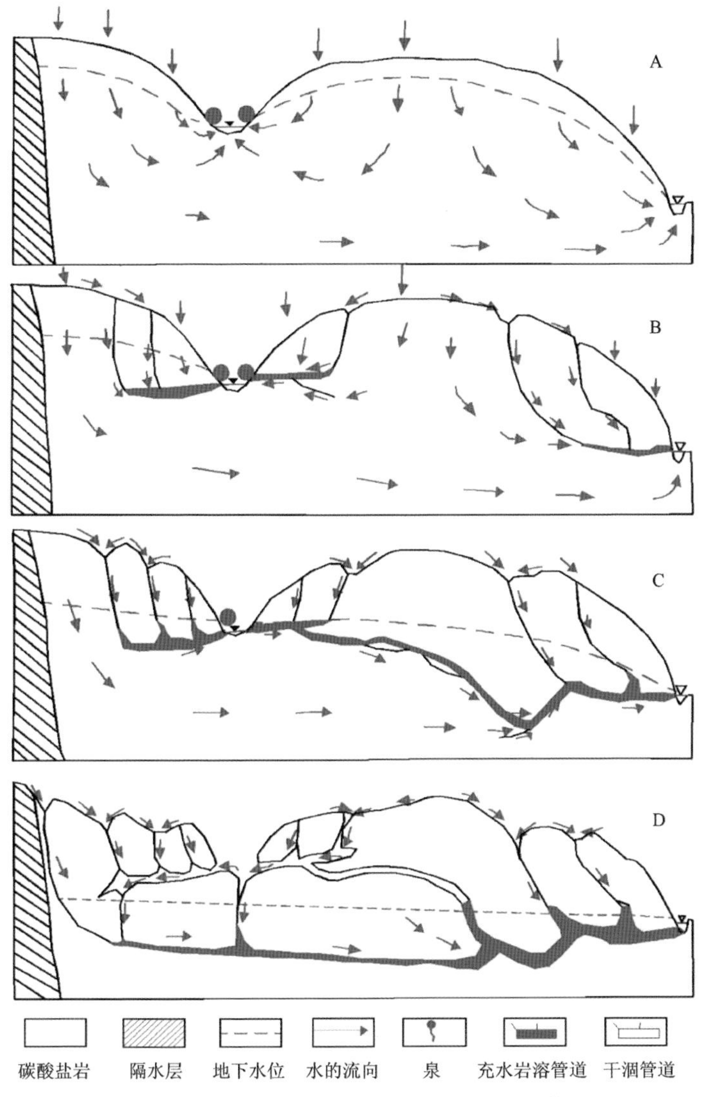

图1.15　岩溶地下水系统演化模式图(据王大纯等,1995)

A.岩溶水系统初始阶段;B.局部岩溶水系统形成阶段;

C.岩溶水系统的袭夺;D.统一地下河系的形成

第2章

岩溶水循环

YANRONGSHUI XUNHUAN

2.1 五水转化模式

2.1.1 岩溶水循环定义

岩溶水是地球水循环中的一部分，积极参与水文循环和地质循环。由于岩溶含水介质的多重性（孔、隙、缝、管、洞并存），岩溶水在水文循环过程中表现出交替积极、更新速度快的特点。不同的岩溶类型，其水循环深度和循环特征不一样。在裸露岩溶区和浅覆盖岩溶区可直接接受大气降水补给，深覆盖岩溶区和埋藏型岩溶区只能通过上覆地层的越流或裸露区间接接受大气降水补给。

岩溶水循环是指从大气降水过程至地下河系统或岩溶泉系统输出的水循环全过程。刘昌明院士于1993年提出了“三水”（降雨、地表水与地下水）转化的研究，考虑到土壤水，称为“四水转化”。而在岩溶山区，由于长期的风化作用，地表经过溶蚀产生大量的裂隙、溶沟、漏斗、天窗、竖井和落水洞等岩溶个体形态，逐渐形成复杂带状的强岩溶化层——表层岩溶带，该带对岩溶水的产流过程发挥着重要作用。因此，岩溶水

循环可概括为大气降水、地表径流、壤中径流、表层岩溶带径流、地下径流的“五水”间的相互转化(图 2.1)。

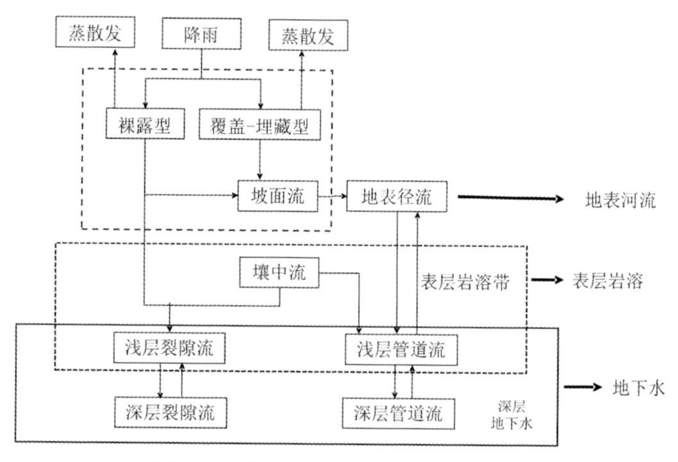

图 2.1　岩溶水循环转化概念示意图

2.1.2 “五水”转换模式

岩溶水以其在不同介质中的转化为基础实现水的循环。岩溶水“五水”转化的过程为:大气降水首先进入土壤层内,补充土壤层内的水分亏缺,土壤的含水量也逐渐增大;当土壤含水量达到饱和时,超过入渗能力的那部分降水便转化为地表径流。随着降水持续,表层岩溶带逐渐蓄水达到饱水状态,并以洞穴滴水形式进入地下河管道或溶洞之中。这期间表层岩溶带水的来源主要包括两部分:一是地表径流通过连通性良好的裂隙优先渗入表层岩溶带;二是土壤层内的土壤水以活塞入渗的方式下渗至表层岩溶带中。当表层岩溶带

全部达到饱水状态后，降水继续下渗至基岩裂隙或溶隙中，加上通过落水洞等直接进入岩溶含水层的部分地表径流，最终形成饱水带岩溶水，并以地下河的形式排泄进入地表水体（图 2.2）。

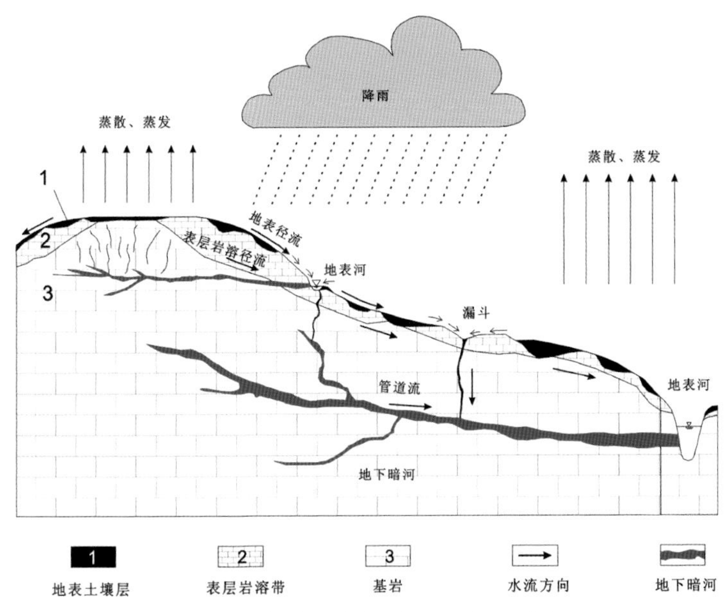

图 2.2 南方裸露岩溶区“五水”转化模式图

2.1.3 岩溶水循环影响因素

岩溶水循环除受最基本的地层岩性特征影响外，还受地质构造、岩溶地貌与缝洞结构、含水岩组、表层岩溶带、土地类型、植被条件等水分转化界面的控制。岩性作为影响水循环的重要因素之一，同时也影响着地貌、土壤、植被的形成和发育。不同的岩性地层形成的表层岩溶带、土壤结构和含水介质结构类型也不尽相同，岩溶发育程度和规模也有较大差异，因其控制着岩溶水系统的输入、传输和输出过程，从而影响着系统的水文特性。

2.2 岩溶水补给方式

含水层或含水系统从外界获取水量的过程称为补给，而大气降水通常是岩溶地下水的重要补给来源。在不同岩溶类型区，大气降水补给岩溶地下水的方式也有所不同。在我国南方裸露型岩溶区，大气降水可通过表层岩溶带的岩溶裂隙垂直入渗补给地下水，也可通过消水洞、落水洞、竖井、地下河入口、天窗等岩溶负地形直接灌入式补给地下水，地下河系统多以灌入式补给为主。在覆盖型岩溶区，大气降水主要通过薄的土壤层或第四系松散层缓慢入渗地下。在埋藏型岩溶区，大气降水主要通过埋藏岩溶的裸露区进行补给，我国北方岩溶地下水多属此类补给，如山西太原晋祠泉和山东济南趵突泉。

岩溶地下水除接受大气降水外，还可接受地表水的直接补给。地表水对岩溶水的补给在南方地下河系统中最为显著，地下水与地表水之间的转换更为频繁、密切，地表径流常

常经地下河伏流入口、落水洞等岩溶负地形直接汇入地下，转为地下水；后在地下河管道内向地势低洼处径流，最终以地下河出口的形式出流地表，转为地表水(图 2.3)。

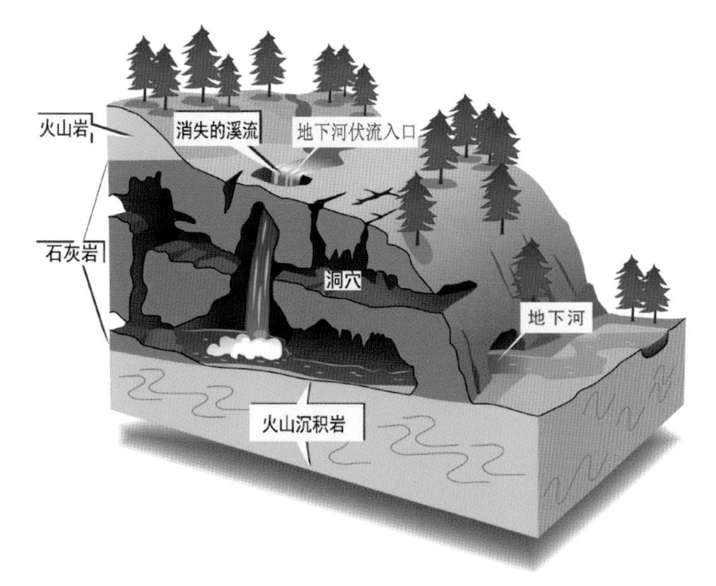

图 2.3　地下河伏流入口——地表水直接补给地下水

(修改自“中国岩溶探险”公众号,《岩溶地质经典原理图》,2021-10-29)

2.3　岩溶水径流特征

岩溶水从补给区到排泄区的运动过程称为径流。由于岩溶含水介质存在溶蚀孔、溶洞、溶缝、溶蚀裂隙及岩溶管道等多种复杂形态，因此岩溶地下水的径流运动具有多种形式，表现在裂隙流与管道流并存、层流和紊流并存。

在我国南方热带和亚热带、欧洲地中海型气候带、美国东南部暖温带及亚热带气候区复杂的地下河系统中，地下水主要在溶蚀管道中径流，地下水运动形式具自由水面渠道流特征，枯水期流速可达500～1000m/d，水力坡度为1%～20%，甚至产生地下跌水及瀑布(图2.4)。另外，不同大小空隙及管道中的地下水运动并不同步。降雨时，岩溶管道通过地表的落水洞、竖井等快速吸收降水及地表水，地下水位迅速抬升并形成水位高脊，高位地下水向下游流动的同时还向周围裂隙及孔隙扩散。枯水期岩溶管道排水迅速，形成水位凹槽，周围裂隙及孔隙中的水则向管道汇集。在岩溶裂隙-管道水系统中，主管道在枯水期的排泄作用和丰水期的补给作用，不仅对含水层的水量起调节作用，而且对含水层的水质及其污染也有重要影响。降水将地表的各种污染物带到地下管道中，并向含水层中渗透，进而导致岩溶地下水污染。

例如，广西桂林冠岩地下河系统从东部海洋山分水岭到西部漓江排泄基准面可分6段。地下河主要径流由地表明流-渠道流-管道流-明流-渠道流串联组成(图2.5)。主径流两侧及底部分布有次级的岩溶管道水及溶隙水，向主径流带汇集，但洪水期则成为向两侧含水层短期补给的通道。渠道流地下河段长约4700m，占主径流通道的40%，表现为具有自由水面的渠流特征；管道流段直线距离为2700m，占主径流通道的23%，其枯、丰水期均为压力管道流，其入水口与出水口之间的高差为70～80m。地表明流段长度约4000m，占主径流通道的37%。

图2.4 云南省宜良县九乡地下双飞瀑布

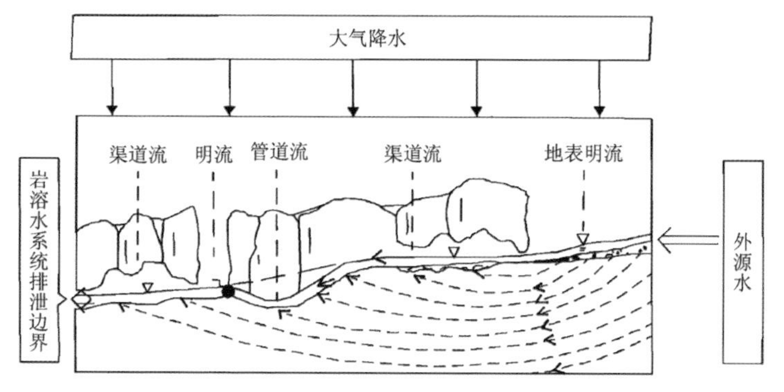

图2.5 广西桂林冠岩地下河系统水动力模式图(据韩行瑞，2015)

我国北方岩溶泉域，岩溶裂隙水流系统由分散的溶隙形成的扩散流与各种溶蚀较强的结构面形成的强径流带共同组成。地下水流主要为溶蚀裂隙流，水流状态以层流为主。地下水流速较缓慢，北方多数岩溶泉域的天然流速均小于50m/d，如山西娘子关泉域地下水流速为8.8～23.9m/d，龙子祠泉域地下水流速为29.8m/d。

2.4　岩溶水排泄类型

岩溶水系统以泉和地下河为主要出露及排泄形式。泉是北方岩溶水系统排泄的最主要方式，泉水的出露是受多种地质-地貌及水文地质因素控制的，岩溶大泉的出露受地质、地貌、水文地质条件综合影响。我国南方岩溶水系统的排泄形式主要为岩溶泉和地下河。南方岩溶泉和地下河的出露条件与北方岩溶泉相似，也受地质构造和气象水文条件的双重影响，如大型地下河中的六郎洞地下河和百郎地下河都是大型地下河，由于受到巨厚的碎屑岩隔水层阻挡，其排泄口都远远高于当地排水基准面，人们利用这种天然落差建造水电站等水利工程。当然也有很多地下河直接排向河流，并无阻水构造，如河池市芭片地下河和马道地下河均直接排入金城江，地下河出口常淹没于江水之下而不可见。

根据泉的成因条件，岩溶泉又可分为下降泉、上升泉、断层泉、表层虹吸泉等多种类型（图2.6）。在特殊的地质构造条件下，岩溶泉可形成一些奇特的地理景观。如贵州省丹寨县就有一处千古奇泉，名曰打鼓井。该泉属典型的表层虹吸泉（也叫岩溶间歇泉），涌出的泉水时断时溢，时缓时急，声音时小时大，由远而近，并有咚咚声响，似击鼓，故曰打鼓井，古籍中记载曾称之为龙打井、回龙井。据《丹寨县志》记载，百年来，泉水依旧伴随着咚咚声响并有规律地从泉口奔涌而出，循环往复。这种奇特的岩溶水文地质现象，是碳酸盐岩在水流长期的溶蚀作用下形成的。岩石中碳酸钙、碳酸镁等可溶成分逐

下降泉

上升泉

表层虹吸泉

图2.6 各种类型岩溶泉

渐被溶解，形成微小的溶蚀裂隙、大小不一的岩溶管道和溶洞，它们彼此相互连通，成为岩溶地下水有利的储水容器。由于区内经历了多期间歇性的升降运动，岩溶管道发育形成弯弯曲曲的通道，在合适的地质构造条件下，管道中的地下水和储水容器中的气体压力则易形成虹吸现象，打鼓井间歇涌水是因岩溶管道水流的虹吸作用形成的。

第3章

岩溶水环境

YANRONGSHUI HUANJING

3.1 岩溶水污染

3.1.1 关注岩溶水环境

长期以来我国水环境保护的重点是地表水，地下水环境的监管能力建设相对薄弱，相关工作明显滞后。因此，1999年之前的《中国环境状况公报》都没有针对地下水环境状况进行说明。在1999年的《中国环境状况公报》中，增加了对地下水环境的说明：全国多数城市地下水受到一定程度的点状和面状污染，局部地区的部分指标超标，主要污染指标有矿化度、总硬度、硝酸盐、亚硝酸盐、氨氮、铁和锰、氯化物、硫酸盐、氟化物、pH值等。1980—2015年30多年的长期监测显示，包括岩溶水在内的全国地下水环境质量呈逐年恶化的趋势。岩溶水资源与环境问题已经成为阻碍岩溶区社会经济发展的重要因素之一，尤其是煤矿等矿山开采和生活污水、工业废水的排放引发的岩溶水污染加剧了岩溶区供水矛盾，严重威胁地区饮水安全。

随着工农业的发展，岩溶地下水污染日趋严重。工业有害物质的释放、杀虫剂的使用和生活污水的无序排放是造成

岩溶地下水污染的主要原因。另外，不合理开采或过量抽取地下水，改变地下水水力状态，也加速了地下水污染的进程。在我国南方岩溶区，地下水“三氮”和重金属(Cd、As、Pb、Hg)污染较为普遍，部分地区还遭受不同程度的有机污染(图 3.1、图 3.2)。许多发达国家如美国、加拿大及欧洲一些国家，由有机污染源产生的地下水污染问题已有几十年的历史，且污染面积和污染程度均在不断加剧。在未来，气候变化和地表水水质恶化可能会增加人们从岩溶含水层获取饮用水源的需求。而岩溶系统的特殊性和脆弱性，需要我们对高度敏感的岩溶水资源采取有效和准确的保护措施。

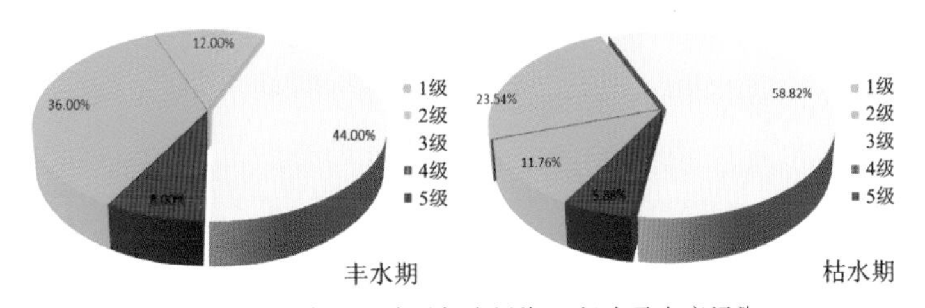

1 级表示未污染；2 级表示轻度污染；3 级表示中度污染；

4 级表示重度污染；5 级表示极重度污染。

图 3.1 广西桂林市地下水污染程度分级(2011—2015 年)

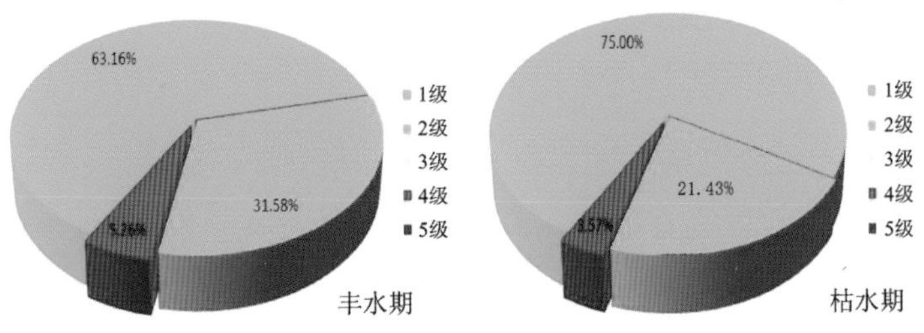

1 级表示未污染；2 级表示轻度污染；3 级表示中度污染；

4 级表示重度污染；5 级表示极重度污染。

图 3.2 湖南省娄底市地下水污染程度分级(2011—2015 年)

岩溶水环境问题早已受到广大专家和学者的关注，袁道先等7位院士起草了《防止我国西南岩溶地区地下河变成“下水道”的对策与建议》，并发表在2007年第4期《中国科学院院士建议》上。该文认为，我国西南岩溶地下河被污染是涉及亿万人饮水安全和近100万 km^2 国土上经济社会发展的重大问题，解决这个问题需要从国家层面上尽快作出决策。同时，提出了“查清地下河分布和污染现状，加强监测、执法，有关科技问题的攻关、科普、干部教育和治理已被污染地下河等7条建议”。后该文分别被中国科学院办公厅刊物《中国科学院专报信息》2007年第33期、中共中央办公厅刊物《专报》、国务院办公厅刊物《专报信息》采用，并得到曾培炎、回良玉同志批示。

为此，中国地质科学院岩溶地质研究所依托联合国教科文组织国际岩溶研究中心，于2016年提出了“全球岩溶”国际大科学计划建议——“全球不同岩溶动力类型区资源环境效应研究”建议，旨在通过多种形式的国际合作，共绘“全球岩溶”一张图，建立全球岩溶信息平台，深化全球岩溶动力系统科学技术研究，突破岩溶关键带资源环境科学问题的瓶颈，为人类提供全球岩溶公共服务信息，为不同类型岩溶地区资源可持续利用和应对全球环境变化提供科学依据。

3.1.2 正确理解水质量和水污染

岩溶水是水资源的重要组成部分。岩溶水质量通过与

人类健康、水环境健康、经济成本等因素挂钩而直接影响岩溶区社会和经济的发展，但在使用时很多人常将水质量与水污染混淆，甚至一些报道也会出现错误，误导民众。正确理解水质量与水污染是避免陷入认识误区的关键。

水的质量是以现有水质标准为依据、以人体健康为目的，对水环境质量进行的等级划分，如《地表水环境质量标准》（GB 3838—2002）、《地下水质量标准》（GB/T 14848—2017）、《生活饮用水卫生标准》（GB 5749—2022）、《城市供水水质标准》（CJ/T 206—2005）等，表达的是水质量的好坏及其适用性。而水污染是指在人类活动影响下，水质朝恶化方向发展的现象。关于水污染目前尚未有统一的评价标准，目前常用的是采用对照值（通常为水质背景值）进行污染评价，表达的是在人类活动影响下水质的变化趋势。

由此可见，水质量和水污染含义不同、评价标准不一致，不能混淆。水质量差不一定是受到了污染，可能是原生地质环境引起的，如大部分岩溶区水中 Fe、Mg 偏高主要是因为含水层岩石中 Fe、Mg 含量较高。水受到了污染并不一定不能饮用，如地下水中 Mn 含量原本小于 0.05mg/L，后因锰矿厂排污导致地下水中 Mn 含量达到了 0.09mg/L，我们不能就此认为该地下水受到了工业污染，因地下水中 Mn 含量尚未超过地下水Ⅲ类水质标准限值 0.1mg/L，所以该地下水仍为合格的饮用水源。可见，只有当污染组分浓度超过相应的水质标准后才能将岩溶水定义为不合格饮用水。

3.1.3 岩溶水污染现状

近年的调查显示，我国西南地区岩溶水质量总体较好，但局部水质较差，尤其是城近郊区地下水质量在逐渐变差。2011—2015年间，西南地区地下水综合质量评价显示，可直接作为饮用水源的占86.1%，经过处理后可作为饮用水源的占10.0%，不宜作为饮用水源的占3.9%；地下水综合污染评价表明，未污染水的比例为95.35%，轻度污染水的占比为3.72%，中度污染水占0.79%，重度污染水仅占0.02%，极重度污染水仅占0.12%。虽然总体水质较为乐观，但由于岩溶区特殊的地质环境，地表污染物极易进入地下水，局部污染仍有发生，因此，岩溶水污染防治是一个需长期关注的社会和生态环境问题。

地表水因暴露地表易遭受污染，岩溶区地表水和地下水常常相互频繁转换，尤其是在我国南方岩溶区，这种情况极其常见。因此，一旦地表岩溶水遭受污染，地下岩溶水也会受到污染。岩溶区水污染途径多种多样，导致岩溶水污染的原因难以查明和控制。岩溶区地表大量发育的洼地、落水洞、溶潭、竖井、岩溶塌陷坑等负地形，是污染物直接进入地下并污染地下水的主要通道(图3.3)。

岩溶区地貌组合类型多种多样，不同的地貌类型和不同的污染源位置均可形成不同特征的污染，具有不同的污染途径和污染机理，如岩溶谷地区次生污染源缓释型污染、气象

洼地

落水洞

溶潭

图 3.3　各类岩溶负地形

间歇型污染、灌入式污染等。随着城市化发展，部分城市近郊区的地下河正在变成“城市下水道”，如重庆南山老龙洞地下河、贵州开阳响水洞地下河、广西南丹里湖地下河等（图 3.4、图 3.5）。在这些“下水道式”的地下河中，农药、抗生素、激素等新型有机污染物种类越来越丰富，严重威胁水环境和生态安全。

图 3.4　地下河水受矿业废水污染

图 3.5　天坑或地下河入口处成为垃圾堆放场

3.2 岩溶水污染模式

岩溶含水层结构、污染源分布特征和水动力条件的差异，均会导致岩溶水系统遭受的污染程度和污染物迁移转化规律产生差异;即使在同一地下河系统,因污染源位置和表层岩溶带发育程度的不同,也会出现不同程度的污染。根据不同的环境水文地质特征,总体可划分 4 类典型的地下水污染模式。

3.2.1 峰林平原区岩溶水污染模式

在地表水与地下水转化频繁且迅速的峰丛平原区,污染物下渗污染地下水的途径主要有以下几种:①经溶洞、落水洞(消水洞)及溶隙排入含水层,或经渗坑、渗井、废井渗入含水层。②由排污湖塘渗入含水层。③沿地表河、溪、渠等地表水渗入含水层。④经雨水淋滤带入含水层。可见,峰丛平原区的一个重要特征是,污染来源和污染途径多样。桂林市是典型的峰林平原区,其地下水污染是峰林平原区岩溶地下水污染的典型代表。

桂林岩溶地下水主要于东、西两侧的峰丛洼地接受大气降水补给，补给区人类干扰程度较轻，污染物荷载小。中部峰林平原是岩溶地下水的径流排泄区，人类活动强烈，既有城市，也有城郊、城中村和农村，各种污染物堆放在地面、脚洞、溶洞或水塘周围，在降雨的冲刷和淋滤作用下，以灌入式或入渗方式进入含水层，污染地下水。峰林平原中的孤峰脚洞是污染物进入含水层的主要通道或途径。河谷阶地是地下水的集中排泄区，漓江及其支流是地下水的主要排泄场所（图 3.6）。雨季，受污染的漓江支流，由于地下水和地表水的联系密切，也会影响或污染地下水。

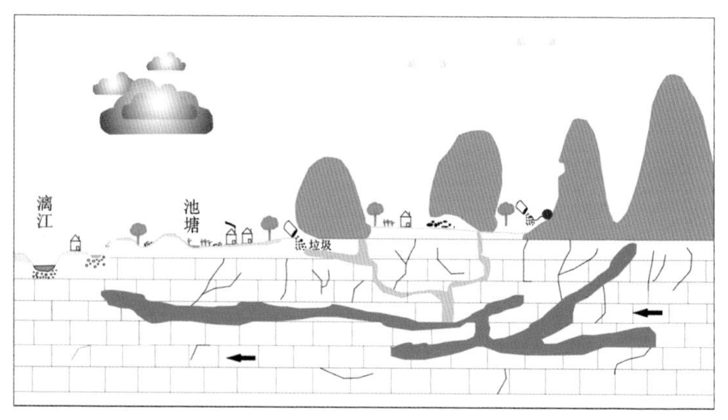

图 3.6　桂林峰林平原区地下水污染模式示意图

3.2.2　城市下水道式污染模式

在西南岩溶区地下河管道发育的城市，受市政设施不完善的影响，经常会发生工业废水、生活污水等通过地表水体

直接排入地下河管道内的情况，尤其是在城镇化发展迅速、经济基础较差的城郊地区，将地下河管道当成“城市下水道”的现象极其普遍。如柳州市鸡喇地下河、开阳县响水洞地下河、南丹县里湖地下河等，均已成为名副其实的“城市下水道”。更有一些不法企业通过地下河管道偷排工业废水和废渣，导致水污染事故频发。

因城市生活污水排污的连续性，加上一定量的地表水体，已成“城市下水道”的地下河流量相对较大，具有地表河流的典型径流式特征，以点状集中补给为主，且污染物种类多(图 3.7)。另外，城市生活污水排放具有明显的昼夜规律，导致地下河水质也呈现规律性变化。

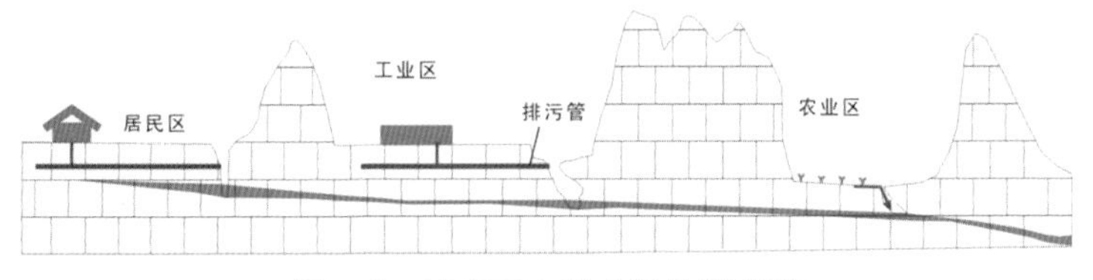

图 3.7　城市下水道式污染模式图

3.2.3　峰丛岩溶区气象间歇式污染模式

峰丛岩溶区发育典型的地表-地下双层空间结构，受污的地表水和污染物可通过漏斗、消水洞、宽大的溶缝等通道直接进入地下河，快速污染地下水。污染物为固态且堆积在峰丛坡地上，只有在降雨的淋溶作用下才能将污染物带入地下，间歇式地污染地下水，地下水污染特征属于典型的气象间歇式污染。该污染模式的主要特点是：污染物只随降雨径流通过落水洞、溶缝等进入地下污染地下水；随降雨过程，污染物浓度呈现低—高—低变化规律；污染物同时具有面状、点状补给方式。

广西河池市马道地下河下伦段为典型的气象间歇式污染模式(图3.8)。马道地下河下伦段曾于2008年受到金属砷(As)污染，污染源为柳州华锡集团金海冶金化工分公司含As等有毒元素的废渣淋滤液，该废渣场位于峰丛的山坡之上，下游发育多个落水洞。降雨期间，下游下伦溶潭的地下水污染程度便会增加，金属元素As和Mn的浓度比降雨前有大幅度上升；但在长期干旱无雨时，下伦溶潭地下水质量趋于好转甚至可达到Ⅲ类地下水质量标准。

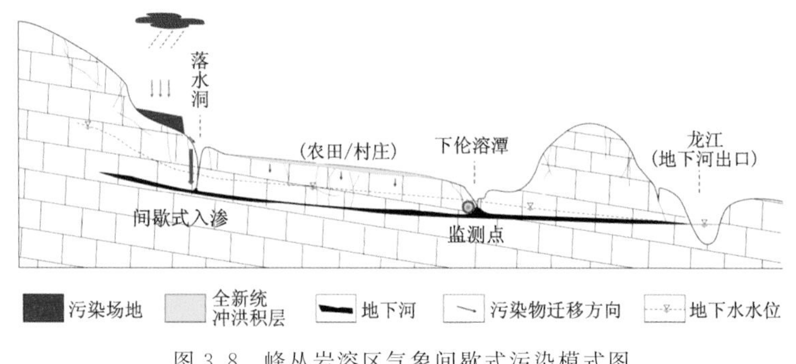

图3.8　峰丛岩溶区气象间歇式污染模式图

3.2.4　次生污染源持久缓释式污染模式

裸露岩溶区，经常在碳酸盐岩表面发育有厚度不一、性质差异较大的覆盖层(坡残积或冲洪积层)。当上覆土层黏粒含量大于30%时，便会通过物理和化学吸附作用，截留部分随地表水入渗的污染物，覆盖层厚度越大、黏粒含量越高，所吸附的污染物就越多。覆盖层内吸附的污染物在入渗水的作用下，会产生解吸现象，尤其是在酸雨等的作用下，土层内被吸附的污染物析出强度显著增加。因此，当覆盖层内被吸附的污染物量达到一定程度时，便可成为一个次生污染源，尤其是在得到地表污染物不断补充的情况下，该覆盖层就成了一个稳定的次生污染源，对地下水会产生持久性的污染。

广西河池市岜片地下河系统内曾在1995年发生砒霜厂泄漏事故，造成整条地下河被As污染。20多年的监测显示，岜片地下河水中As长期保持在0.05mg/L左右，且在暴雨期As浓度会显著增加。20多年来，在岜片地下河系统上游补给区内、原污染场地的下游第四系冲洪积含水层内，已经形成了一个特殊的稳定次生污染源。

次生污染源持久缓释式污染模式的主要特征为：污染源位于补给区地表；碳酸盐岩面上覆盖有一定厚度且黏粒含量较高的孔隙含水层，地下水位常在基岩面之上；污染物随降水不断向孔隙含水层内迁移并被截获；被吸附的污染物在孔隙含水层水流的作用下，持续地补给地下河水(图3.9)。

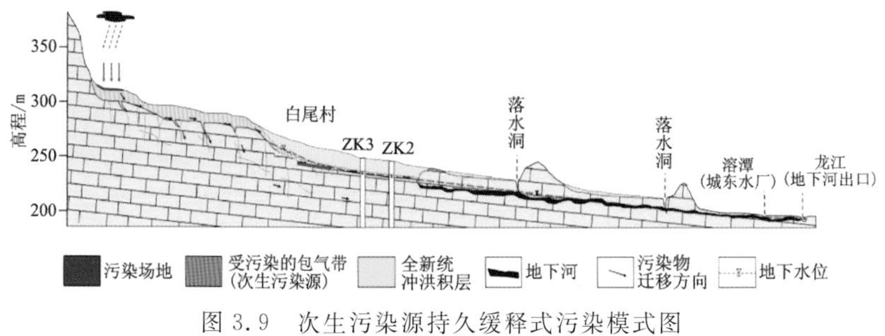

图3.9 次生污染源持久缓释式污染模式图

3.3 岩溶地下河水污染

3.3.1 地下河分布

据已统计数据，西南岩溶区共发育3066条地下河，以地下河水为供水的水源地有105个，供水人口近6000万人。我国南方地下河主要分布于秦岭以南、四川攀枝花—雅安一线以东、云南红河—广西南宁—广东韶关一线以北、广东韶关—湖北宜昌一线以西，展布于高山峡谷、高原斜坡、溶丘谷地、峰丛洼地、峰林平原、峰林洼地等多种地貌单元之上，涉及东经101°—112°，北纬22°40′—32°54′的广西、贵州、云南、四川、重庆、湖北、湖南、广东和陕西等省(区、市)，分布面积约100万km^2。另外，在江西、福建、浙江、江苏、安徽、河南、河北、山东、辽宁和甘肃等省份也有地下河或岩溶管道零星分布。地下河管道特征丰富多样，从简单的单一管道状类型、平行管道状类型、侧枝状类型，到复杂的叶脉状类型、网状类型、树枝状类型均有涉及。对广西、贵州、云南、四川、重庆、湖北、湖南、广东和陕西九省(区、市)进行1∶5万水文地质调查、1∶20万水文地质普查时，查明的地下河大约有3000条，总长约15 000km，流量达1500m^3/s，其中尤以贵州、广西、云南最为发育。这一地区有海拔2000～2500m的云贵高原、海拔约500m的四川盆地、海拔约200m的广西峰林平原，地形变化较大，大地构造上处于扬子准地台的西南部，各地貌单元岩溶地下河特征如下：

(1)云贵高原向广西盆地过渡的地貌斜坡地带。包括滇东南、黔东南、桂西部分地区，碳酸盐岩大面积出露，褶皱平缓，地形切割强烈，地下河表现为：流程长，汇水面积大。地下河主管道长达数十千米，汇水面积达数百平方千米者几乎全都分布在这些地区。如著名的广西地苏地下河长45km，汇水面积达1054km^2；贵州罗甸大小井地下河长143km，汇水面积达1170km^2。

(2)长江和珠江分水岭地带。包括贵州中部都匀到贵阳至安顺一带，短轴背斜和向斜发育，地形切割不强烈，地势较平坦，地下河表现为：①源近流短，规模不大，主管道径流长度一般数千米，少数超过10km，汇水面积一般为数十平方千米。地下河流量小，枯季流量大多为每秒几百升。②埋藏浅，水力坡度小，地下水垂直循环带厚度薄，一般小于20m，埋藏浅者只有数米，仅在大河谷坡地带埋深可超过百米。③地下河与地表河交替出现，形态多样，袭夺频繁。

(3)川黔线状褶皱带。包括川东南、黔北、滇东北、鄂西和湘西部分地区，北东向华夏系构造发育，可溶岩与非可溶岩相间呈带状分布，地形上为条形谷地，地下河基本上沿构造线延伸，以单管型地下河为主，长度短小，一般在数千米范围内。

(4)广西岩溶峰林平原。地下河埋藏浅,分支多,水力坡度平缓,出现虹吸承压管道,地下河发育深度不受当地侵蚀基准面控制。

3.3.2 污染途径

岩溶区土层普遍较薄,且存在地表地下双层结构,污染物可通过薄的土壤层和落水洞、天窗及岩溶裂隙等直接进入地下含水层,使得岩溶地下河水极易受到污染。近30年来,由于城市生活垃圾和工业"三废"等的不合理处置,以及农药、化肥的大量使用,导致地下河水污染状况日趋加重,对南方岩溶区居民饮水安全构成了严重威胁。

岩溶地下河污染途径是污染物从污染源到达岩溶地下河管道中整个过程的路径,有灌入、渗入和潜流3种主要方式(图3.10)。按污染来源可分为天然途径和人为途径,其中天然途径包括:①通过消水洞、洼地(落水洞)、竖井、地下河入口、天窗、龙潭等直接灌入;②通过包气带、表层岩溶带等垂直渗入;③通过相邻含水层潜流补给(图3.11)。人为途径包括通过机井(钻孔)、隧洞直接灌入。

由于岩溶发育的差异性,地表往往形成溶沟、溶斗、溶蚀洼地、落水洞、干谷、盲谷、峰丛、峰林和孤峰等不同类型和级别的地表喀斯特形态,其中溶斗、溶蚀洼地、落水洞等负地形既是污染物进入地下河的污染途径,也是大气降水、地表水

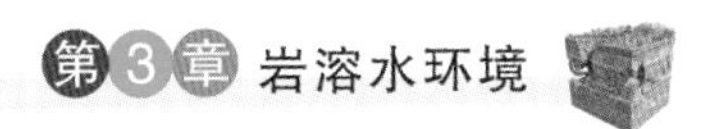

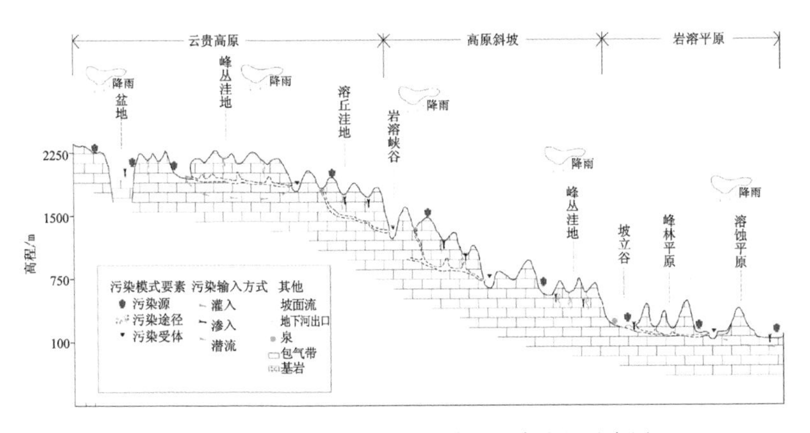

图 3.10　西南岩溶区不同地貌区污染途径示意图

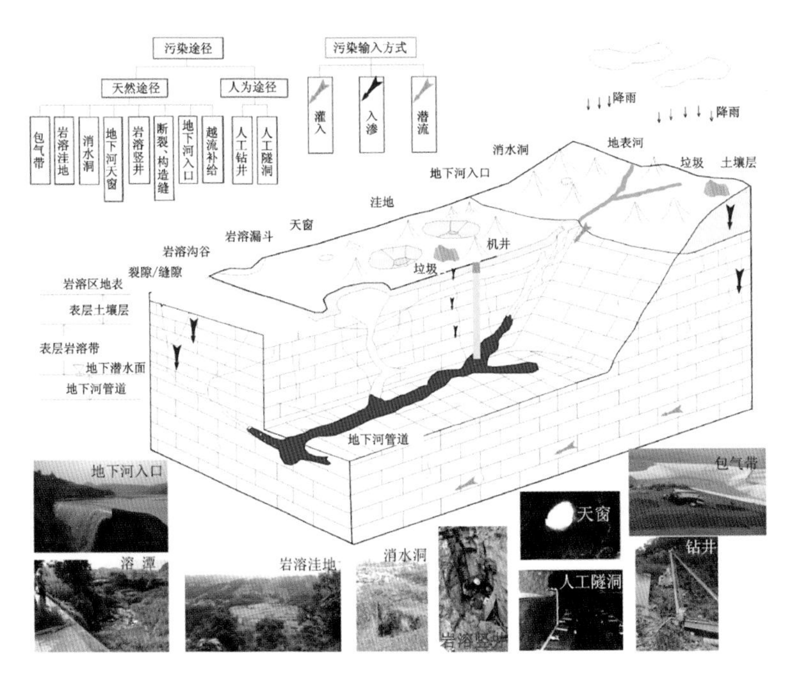

图 3.11　岩溶地下河污染途径示意图

进入岩溶地下河的补给途径,在考虑岩溶地下河污染途径时,要重视岩溶地下河可能的补给源是否受到污染、补给途径中有无污染物存在等情况。

3.3.3 污染特征与模式

地下水污染是指在人为影响下,地下水的物理、化学或生物特性发生不利于人类生活或生产的变化的现象。隐蔽性、滞后性及难逆转性是孔隙裂隙渗流型地下水污染所具有的特征。作为特殊的地下水体,地下河污染与孔隙裂隙渗流型地下水污染有着显著差别。对应孔隙裂隙渗流型地下水污染的隐蔽性、滞后性、难逆转性3个特征,地下河有指向性、半滞后性、较易逆转性三方面特征。其中指向性特征是指污染物的扩散、迁移主要在地下河管道中进行,具有较为明确的方向;半滞后性特征是指地下河往往与地表河类似,具有较快的流速,迁移滞后时间往往较孔隙水短,相对而言具有半滞后特征;较易逆转性特征同样是针对孔隙裂隙渗流型地下水难逆转性特征来说的,这是由于西南地区地下河在降雨、管道沉积物、水力坡度等因素的影响下具有较强的自净能力,在切断污染源的条件下,污染程度降低的速度往往较孔隙裂隙渗流型地下水快。除上述3个基本污染特征外,地下河污染还具有两个独特特征:一方面,由于岩溶差异性发育导致地下河管道具有线状特性,相应地导致污染具有线状特性,而与之对应的孔隙裂隙渗流型地下水由于具有较为均

一的含水层，使得污染具有面状扩散的特征，而对应的地表河流污染则有带状特征（图 3.12）；另一方面，地下河往往具有地表河流的特征，其地下水流速往往较一般的孔隙水要快数个数量级，导致其对降雨响应积极，使得其呈现间歇性（或季节性）污染特征。总体上，地下河污染特征的典型性介于地表水污染和孔隙裂隙渗流型地下水污染之间。

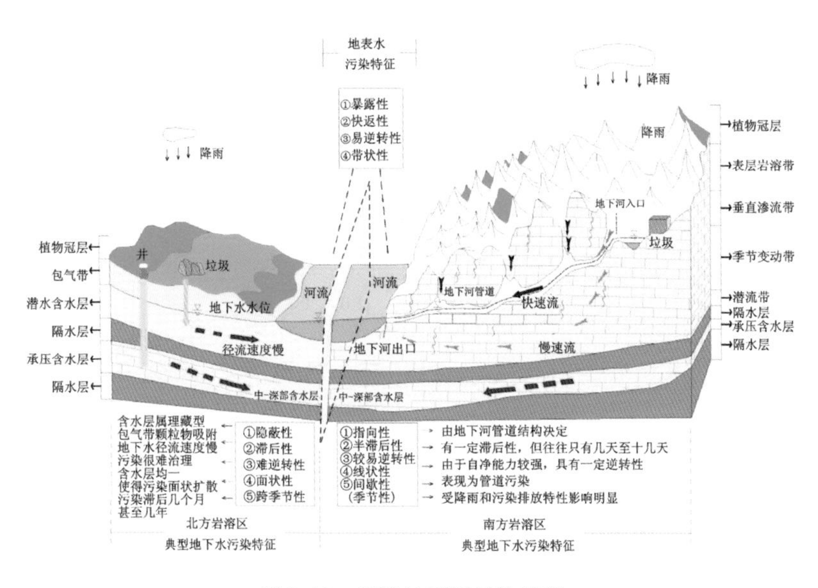

图 3.12　岩溶地下河污染特征

地下河污染往往不是由某一因素决定的，而是与多个因素相关。地貌类型、污染源、污染途径、污染受体构成了岩溶区地下河污染模式的基本要素。根据 2011—2015 年的“西南岩溶区地下水污染调查”和“西南主要城市地下水污染调查”两个项目调查测试数据及国内外相关文献，发现存在以下两条规律：①从污染源的角度来看，内源性污染（矿藏开采所引

起的环境问题）较外源性污染（人类活动从其他地方带来的污染物）持久、难治理；补给区污染较径流排泄区污染影响大、难治理；生活-工矿复合污染是常见类型，其污染程度往往较单一污染源类型重。②从污染途径角度来看，岩溶洼地、消水洞、伏流入口、天窗、竖井等往往是主要污染途径，钻孔、人工隧道、渠道等人为途径为次要污染途径。另外，在进行土壤和地下水中特征污染物选取的过程中，需按照污染物在土壤和地下水中的检出及超标情况、分布范围、生物毒性来综合考虑，一般以共同污染物为特征污染物。由于在污染过程中，雨水、地表水、表层岩溶泉水往往既是地下河水的补给来源，又是污染源运移进入地下河的载体，因此要充分考虑到载体的特性及时空变化规律。

为了有效揭示地下河复杂的污染过程及趋势，首先需要对污染过程进行分解，将多源污染、多段污染分解为单源污染、定段污染。在单源、定段污染刻画的基础上，再将分解过程进行组合、叠加，最终达到刻画复杂污染过程的目的。为此，在讨论单源、定段污染问题前，需进行以下条件限制：①不讨论地下河所处的地貌、埋藏条件的多样性，暂时弱化地形、地貌的影响；②不讨论地表水与地下水交换的频繁性，将其概化成交替单一性问题；③不讨论污染的多源性，将其概化成一个暗箱点源问题（暗箱里面可以是单一污染源，也可以是复合污染源）。在上述 3 个限定条件的基础上，按照污染源在地下河中所处的位置，将地下河污染模式分为补给区污染型、径流区污染型、排泄区污染型 3 个基本污染模式。然后结合“污染源类型”“污染源排放特性”“污染物进入地下河管道的过程”等进一步将地下河污染模式划分为8种衍生模式(表3.1)。在污染模式刻画的过程中，通过将基本模式与基本模式、基本模式与亚类模式、亚类模式与亚类模式进行组合和叠加，可进一步分为几十个次一级衍生模式。在地下河污染模式命名过程中，建议按照“地貌类型”+“基本污染模式(可单一，也可组合)”+“亚类污染模式(可单一，也可组合)”的格式进行命名，另外亚类模式可以根据实际情况进一步细化。

表3.1　岩溶区地下河污染模式分类

<table>
<tr><td rowspan="2">分类</td><td colspan="2">Ⅰ级基本模式</td><td colspan="2">Ⅱ级模式</td></tr>
<tr><td>基本模式
限定条件</td><td>基本模式分类</td><td>亚类模式
限定条件</td><td>亚类模式分类</td></tr>
<tr><td rowspan="8">地下河污染模式</td><td rowspan="8">①不讨论地下河所处的地貌、埋藏条件的多样性，暂时弱化地形、地貌的影响；
②不讨论地表水与地下水交换的频繁性，将其概化成交替单一性问题；
③不讨论污染的多源性，将其概化成一个暗箱点源问题</td><td rowspan="8">I_1补给区污染型
I_2径流段污染型
I_3排泄区污染型</td><td rowspan="2">按照污染源种类</td><td>II_1无机</td></tr>
<tr><td>II_2有机</td></tr>
<tr><td rowspan="2">按照污染源排放特点</td><td>II_3间歇性</td></tr>
<tr><td>II_4持续性</td></tr>
<tr><td rowspan="4">按照污染物进入地下水的过程</td><td>II_5灌入式</td></tr>
<tr><td>II_6入渗式</td></tr>
<tr><td>II_7潜流式</td></tr>
<tr><td>II_8越流式</td></tr>
</table>

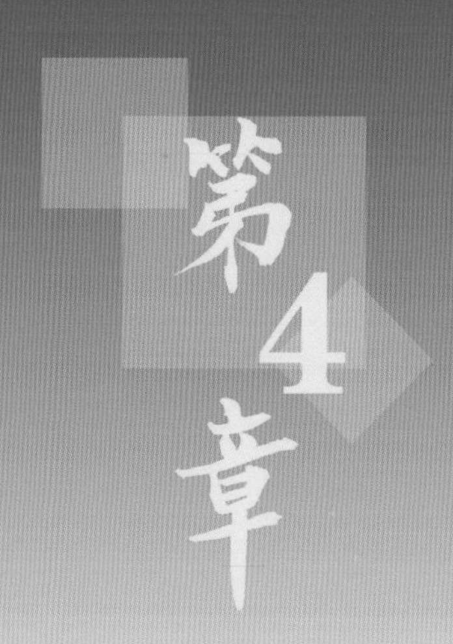

岩溶水资源保护

YANRONGSHUI ZIYUAN BAOHU

4.1 健康饮用岩溶水

我们常说的岩溶水是指产于岩溶含水层的水(包括岩溶泉水和地下河水),它具有高钙、高硬度的特点。现代医学研究表明,长期饮用硬水会引起结石(尤其是泌尿系统结石)。那么,在我国南方岩溶区,岩溶水如何饮用才能更有益健康呢?

水的硬度(亦称总硬度)是指水中钙(Ca^{2+})、镁(Mg^{2+})和其他金属离子(碱金属除外)的总和。但水中其他金属离子含量低,因此常用Ca^{2+}、Mg^{2+}来度量;其计算方法是钙和镁的毫克当量数乘50,以$CaCO_3$表示,其单位是毫克每升(mg/L)(表4.1)。不同的国家,硬度的表示方法也各不相同。我国在1980年以前最常用的就是德国度(H°),目前已改用毫克每升(mg/L,以$CaCO_3$计)作为硬度的单位。根据盐种类不同,硬度又可分为暂时硬度和永久硬度。暂时硬度(碳酸盐硬度)是指水煮沸后,水中结晶的碳酸盐含量。也就是我们常说的水垢,暂时硬度能通过将水烧开除去。永久硬度(非碳酸盐硬度)是指水煮沸后,留在水中的钙盐和镁盐的含量。包括钙/镁的氯化物、硫酸盐、硝酸盐等,它们不能通过将水烧开除去。总体来说，南方的岩溶水基本上属于硬水（以暂时硬度为主），而雨水、纯净水等属于软水—极软水。北方干旱—半干旱地区地下水也多为硬水，但以永久硬度为主。

表 4.1　地下水硬度分类

水的类别	极软水	软水	微硬水	硬水	极硬水
德国度（H°）	＜4.2	4.2～＜8.4	8.4～＜16.8	16.8～＜25.2	≥25.2
毫克当量（me/L）	＜1.5	1.5～＜3.0	3.0～＜6.0	6.0～＜9.0	≥9.0
毫克每升（mg/L，以 CaO 计）	＜42	42～＜84	84～＜168	168～＜252	≥252
毫克每升（mg/L，以 $CaCO_3$ 计）	＜75	75～＜150	150～＜300	300～＜450	≥450

注：1H°＝0.356 63me/L 或 1me/L＝2.804H°。

岩溶水暂时硬度高（碳酸盐硬度），而高硬度水对人体健康有害无益，正确而健康地饮用岩溶水就成了我国南方岩溶区人民群众面临的一大难题。最简单有效的方法就是将岩溶水煮沸了喝，也就是饮用白开水。一般地，把硬水煮沸，可有效降低水的硬度，饮用起来也就更健康。但不是所有的硬水都可以通过煮沸的方式大幅降低硬度，只有以碳酸盐硬度为主的水才可以。以永久硬度为主的水是不能通过煮沸的方式大幅降低水的硬度的。这是因为水在加热烧开时，含碳酸盐硬度水中的碳酸氢钙分解成碳酸钙、二氧化碳和水，其中的碳酸钙为白色粉末［白色 $CaCO_3$ 沉淀，公式（4.1）］；而碳酸氢镁受热分解成碳酸镁、水和二氧化碳［公式（4.2）］，碳酸镁是微溶于水的，它在加热时会促进水解，生成更难溶的氢

氧化镁，同时可生成二氧化碳[公式(4.3)]。因此，形成了以碳酸钙和氢氧化镁为主要成分的水垢。

$$Ca(HCO_3)_2 \xlongequal{\triangle} CaCO_3\downarrow + CO_2\uparrow + H_2O \quad (4.1)$$

$$Mg(HCO_3)_2 \xlongequal{\triangle} MgCO_3 + H_2O + CO_2\uparrow \quad (4.2)$$

$$MgCO_3 + H_2O \xlongequal{\triangle} Mg(OH)_2\downarrow + CO_2\uparrow \quad (4.3)$$

20℃时，$CaCO_3$在水中的溶解度为0.001 3g/100g，属于难溶物质；但碳酸钙溶解时有放热现象，所以碳酸钙的溶解度随着温度的升高而降低。也就是说，在温度升高时溶解度会降低，更容易产生$CaCO_3$沉淀。因此，只要将岩溶水加热烧开，即可有效降低岩溶水的硬度，从而将硬水变成微硬水，更利于人体吸收，也更利于人体健康。所以，岩溶水适合烧开后饮用，主要是因为烧开后的岩溶水硬度降低，更有益于人体健康。

一般地，岩溶水(碳酸盐硬度水)在水温达到37℃时开始结垢，58℃时达到结垢速率的最大值，结垢速度随着水温的升高而变化。但是，并不是所有岩溶水都要烧开后才能饮用。所有含有益微量元素(如富Sr、Zn、Se等)的碳酸型矿泉水一般不要烧开后饮用，因为这类矿泉水含有大量有益人体健康的微量元素，常温下，矿泉水中的钙以碳酸氢钙结构溶解于水中，钙以离子态存在；在水烧开时这些有益元素可能会随着碳酸钙一起沉淀。为了避免矿泉水中的益生矿物流失，矿泉水不宜加热烧开，中低温饮用更有利于钙镁等益生矿物质的吸收。

此外，为了身体健康，包括大部分农村居民在内的岩溶区居民开始安装净水器。净水器类型多样、功能不同，选购时一定要根据自己对水的要求来确定。对于净水器产品的选择，如果使用精度极高的RO逆渗透膜（即纯水机），那么对人体有益的钙镁离子连同其他微量元素均会被完全除去而成为了纯水，虽然没有了水垢的问题，但也没有了对人体有益的矿物质，不建议长期作为家庭饮用水使用。

如果采用超滤膜技术的净水器，对水则只是一个净化作用，而不是软化。可以保留钙镁离子和其他微量元素。活性炭、超滤净水器不能除去原水中的硬度，只能除去水中的悬浮物（即TDS，许多微生物、病菌都是附着在悬浮颗粒物上），水中的游离性物质碳酸钙和镁不能去除，所以，水在加热后仍然会产生少量水垢。因此，采用超滤膜技术制备的水也需要加热烧开后饮用才不会对人体健康产生影响。

选购净水器时，应对净水器的功能作用树立正确的认识，净水器主要是针对自来水中以悬浮颗粒物为媒介、对人体伤害较大的有机化工各类颗粒型污染物、异色异味、余氯、杂质、病菌等，具有改善口感的功能；而纯水机则将水中的有益元素也一起除去了，长期饮用纯净水反而对身体无益。

4.2 合理开发岩溶水

世界岩溶区水资源总量目前尚没有具体的统计数据。但根据国际水文地质计划(IHP)统计,世界地下水资源开发利用量为6000亿～7000亿m^3/a,约占总用水量的50%;其中岩溶区地下水年开发利用量约3500亿m^3/a。中国地下水资源总量约8700亿m^3/a,开采量约2800亿m^3/a;中国北方岩溶水资源量109亿m^3/a(1985年统计为127亿m^3/a),约占中国地下水资源总量的1.2%;西南岩溶水资源量1856亿m^3/a,约占21%。最新的岩溶水资源调查显示,中国西南岩溶地下水资源的允许开采量为615.70亿m^3/a,已开采量为98.32亿m^3/a,仅占允许开采量的16.57%,岩溶地下水资源开发潜力巨大。而如何合理高效开发利用岩溶水,则成为关系社会发展和民生经济的关键问题。在岩溶水开发利用过程中,需坚持以下几项基本原则:

(1)坚持分层次,按“整体控制,分区落实,综合考虑,满足需要”的总体原则进行岩溶水资源开发利用区划。即首先按照有效的水资源开发对象(类型)分区,再结合主要地质环境问题及水文地质条件按开发利用方式进行分区。

(2)坚持岩溶水的系统性原则。岩溶地下水赋存于岩溶含水层中,但从地下水资源的角度来看,岩溶水系统是岩溶地下水资源赋存的基本单元,也是岩溶地下水资源评价的基本单元,岩溶水资源开发利用、保护和管理的基本单元。因此,必须考虑岩溶水开发可能对整个水系统产生的影响。

(3)坚持统一规划、统一管理原则。在同一个岩溶水系统中,岩溶地下水具有密切的水力联系,地下水资源具有相对的定量性。对地下水资源评价及管理不能以行政区划为准，要按地下水系统进行资源评价，再分配给相关行政单元；不同行政单元开发同一地下水系统的地下水时，需要统一管理。

(4)坚持因地制宜选择开发利用方式的原则。根据不同岩溶地貌条件、岩溶水文地质结构及供水需求，选择相适的开采手段，以增加水资源调蓄能力，提高岩溶水资源开发利用效率。如我国南方岩溶地下河系统具有巨大开发潜力，但地下河的开发条件及其利用价值，受到所处岩溶地质及地貌条件的控制，同时还受到当地社会经济发展情况的影响。在地形较平缓的峰丛洼地、溶丘谷地、峰林平原区，地下河埋藏较浅，水与土地、居民之间距离较近，开发利用条件较好，可采取堵、蓄、提、引等措施，开发解决生活和生产用水(图 4.1)。在地形陡峻的岩溶峡谷区，地下河集中径流通道和出口往往发育于河谷底部，从而导致地下河流量和落差很大，地下河流域边界又多与地表分水岭一致，建地下水库条件较好，有利于建设水电工程。对于岩溶盆地区无建库条件的地下河，则宜采用引、提的技术方案，开发利用地下河水资源。此外，还可利用山区建库条件较好的洼地、盲谷，堵截暗河伏流入口或落水洞，建设无坝水库，调蓄地表、地下径流，利用山区与平原区的高差，实现自流供水(图 4.2、图 4.3)。而我国北方岩溶区多为岩溶裂隙含水层，北方岩溶水主要是由一系列规模不等、相对独立循环、以岩溶大泉为天然排泄的岩溶水系统组成，此类岩溶水则适宜在泉口建设水源地，增设开采井，通过引水、提水等方式进行利用。

(5)坚持水资源均衡开发的原则。在岩溶水开采过程

图 4.1 贵州省平塘巨木地下河筑坝拦蓄工程

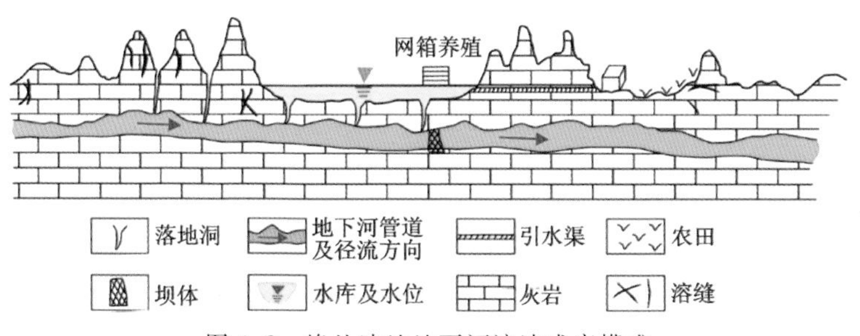

图 4.2 峰丛洼地地下河溶洼成库模式

中，不可无节制地过度抽取，需在水资源的允许开采量范围内进行适度利用。如此，才能切实保证岩溶水资源的长效保量供给。而一旦长期过量开采，破坏水资源系统的均衡，则可引发严重的生态环境问题。

图 4.3 广西柳州市某溶洼成库实例(枯水期无水)

4.3 保护岩溶水资源

由于岩溶区环境质量的脆弱性与岩溶地下水系统的高度开放性,岩溶区对人类各种活动反应非常敏感。近年来,随着我国经济社会的高速发展和人口的不断增长,人类活动对岩溶水环境的影响越来越大。农耕中化肥大量使用、过度放牧、居民生活垃圾和城市公共垃圾不恰当处置带来的岩溶地下水氮、磷、有机物污染;工矿业活动带来的重金属污染;岩溶地下水过度开采、地下采矿等导致的岩溶水量衰减并引发的诸如岩溶塌陷、地面沉降等地质灾害;岩溶泉水流量衰减带来的生态灾难等一系列岩溶水环境问题频发。因此,岩溶水资源及水环境保护行动刻不容缓。

20 世纪中后期，国际上岩溶发育的国家针对岩溶泉域水资源的科学管理与保护开展了大量研究。岩溶地下水的保护工作特别是在欧美发达国家开展得更加卓有成效。欧洲的岩溶地下水管理与保护一般是通过划分以泉水或水源地为中心的不同级别保护带，并在各保护带内制订相应保护内容来进行的。比较典型的实例是克罗地亚迪纳拉岩溶区里耶卡岩溶含水层保护措施的研究和保护带的划定（确定 5 个水资源保护带）；法国南部拉尔扎克高原岩溶水的保护；土耳其南部岩溶区帕穆克卡莱温泉的保护等。针对岩溶地下水源的脆弱性，欧洲科学协会开展了“岩溶地区地下水保护的水文地质研究（COST65）”“岩溶含水层保护的脆弱性填图（COST620）”“海滨岩溶含水层的管理（COST621）”等多个保护性研究项目。总体而言，国际上对岩溶泉水的环境保护非常重视，其总体思路是保护岩溶泉自然状态并维持水量采补平衡。

同时期，我国也开展了大量岩溶水资源调查与评价等工作。其中，我国北方岩溶地下水的研究工作，经历了地面调查、勘探开发、开发管理的过程，并逐步进入开发、管理、治理、立法、保护阶段。我国南方岩溶区生态环境极端脆弱、恶劣并易遭受人类活动干扰，该区长期以来是国土开发、利用和治理的难点。21 世纪开展的国土资源大调查项目“西南岩溶石山地区地下水资源与生态地质调查评价综合研究”全面推进了西南岩溶水资源及环境保护工作。中国地质调查局于 2008 年“西南岩溶石山地区地下水与环境地质调查”计划项目中设立“西南岩溶石山地区重大环境地质问题及对策研究”工作项目(2006—2010年)。项目的主要目标是:紧扣西南岩溶地区社会经济发展规划和石漠化综合治理规划大纲,在现有的水文地质和环境地质调查研究成果的基础上,通过野外调研与交流活动,结合综合研究,归纳总结西南岩溶石山地区的重大环境地质问题,并提出相应的对策和建议,为结合我国西南岩溶区的特点而开展的水文、工程、环境地质工作及环境问题的防治提供决策参考。2011—2015年,中国地质科学院岩溶地质研究所开展了“西南岩溶区地下水污染调查评价”和“西南主要城市地下水污染调查评价”工作,为期5年的调查研究,已全面掌握西南8个省(区、市)(广西、广东、云南、贵州、湖南、湖北、重庆和四川)和8个主要城市(南宁市、桂林市、柳州市、河池市、贵阳市、遵义市、昆明市、娄底市)岩溶区地下水水质和污染状况,综合评价了地下水水质和污染程度及变化趋势,编制了地下水污染防治区划,提出了岩溶地下水污染防治与保护建议。

近年,《中华人民共和国水污染防治法》和《地下水管理条例》的实施,进一步完善了我国地下水资源保护与防治的法律法规。《中华人民共和国水污染防治法》是为了保护和改善环境,防治水污染,保护水生态,保障饮用水安全,维护公众健康,推进生态文明建设,促进经济社会可持续发展而制定的法律。由中华人民共和国第十届全国人民代表大会常务委员会第三十二次会议于2008年2月28日修订通过,自2008年6月1日起施行。现行版本由2017年6月27日第十二届全国人民代表大会常务委员会第二十八次会议修正,自2018年1月1日起施行。该法规中明确规定:①化学

品生产企业以及工业集聚区、矿山开采区、尾矿库、危险废物处置场、垃圾填埋场等的运营、管理单位，应当采取防渗漏等措施，并建设地下水水质监测井进行监测，防止地下水污染。②加油站等的地下油罐应当使用双层罐或者采取建造防渗池等其他有效措施，并进行防渗漏监测，防止地下水污染。③兴建地下工程设施或者进行地下勘探、采矿等活动时，应当采取防护性措施，防止地下水污染。

2021年9月15日，国务院第149次常务会议通过《地下水管理条例》(国令第748号)，该条例自2021年12月1日起正式施行。该条例在《中华人民共和国水法》和《中华人民共和国水污染防治法》的基础上，具体明确了地下水保护与污染防治方面的相关规定和要求，旨在加强地下水管理，防治地下水超采和污染，保障地下水质量和可持续利用，推进生态文明建设。该条例切实指出：①禁止利用溶洞逃避监管的方式排放水污染物；②禁止利用溶洞贮存石化原料及产品、农药、危险废物、城镇污水处理设施产生的污泥和处理后的污泥或者其他有毒有害物质；③在泉域保护范围以及岩溶强发育、存在较多落水洞和岩溶漏斗的区域内，不得新建、改建、扩建可能造成地下水污染的建设项目；④违反本条例规定，未经批准擅自取用地下水，或者利用渗井、渗坑、裂隙、溶洞以及私设暗管等逃避监管的方式排放水污染物等违法行为，依照《中华人民共和国水法》《中华人民共和国水污染防治法》《中华人民共和国土壤污染防治法》《取水许可和水资源费征收管理条例》等法律、行政法规的规定处罚。在各项防治与保护措施的有效实施下，我国岩溶水资源质量正在向稳步变好的方向发展(图 4.4)。

图 4.4 共建绿水青山家园

主要参考文献

曹建华，袁道先，裴建国，等，2005. 受地质条件制约的中国西南岩溶生态系统[M]. 北京：地质出版社.

陈小锋，揣小明，曾巾，等，2012. 太湖氮素出入湖通量与自净能力研究[J]. 环境科学，33(7)：2309-2314.

地球科学大辞典编委会，2006. 地球科学大辞典：基础学科卷[M]. 北京：地质出版社.

郭芳，姜光辉，袁道先，2008. 西南岩溶区地下河主要离子溶度变化趋势分析[J]. 水资源保护，24(1)：16-19.

韩行瑞，2015. 岩溶水文地质学[M]. 北京：科学出版社.

黄宗理，2005. 地球科学大辞典[M]. 北京：地质出版社.

李乐乐，2020. 千古奇泉，天生地作：贵州丹寨县打鼓井[J]. 中国矿业，29(S1)：579-581.

李小牛，周长松，周孝德，等，2014. 污灌区浅层地下水污染风险评价研究[J]. 水利学报，45(3)：326-334，342.

裴建国，杜毓超，卢丽，等，2015. 西南地区岩溶地下水污染调查评价成果报告[R]. 桂林：中国地质科学院岩溶地质研究所.

任美锷，刘振中，王飞燕，等，1983. 岩溶学概论[M]. 北京:商务印书馆.

王大纯,张人权,史毅虹,等,1995. 水文地质学基础[M]. 北京:地质出版社.

夏日元,张二勇,唐建生,等,2018. 西南岩溶石山地区地下水调查评价与开发利用模式[M]. 北京:科学出版社.

杨立铮,1985. 中国南方地下河分布特征[J]. 中国岩溶(Z1):92-100.

袁道先,蒋勇军,沈立成,等,2016. 现代岩溶学[M]. 北京:科学出版社.

袁道先,朱德浩,翁金桃,等,1993. 中国岩溶学[M]. 北京:地质出版社.

张连凯,杨慧,2013. 岩溶地下河中砷迁移过程及其影响因素分析:以广西南丹县里湖地下河为例[J]. 中国岩溶,32(4):377-383.

邹胜章,李录娟,周长松,等,2015. 西南主要城市地下水污染调查评价成果报告[R]. 桂林:中国地质科学院岩溶地质研究所.

邹胜章,卢海平,周长松,等,2021. 岩溶区地下水环境质量调查评估技术方法与实践[M]. 北京:科学出版社.

LASAGNA M, DE LUCA D, DEBERNARDI L, et al., 2013. Effect of the dilution process on the attenuation of contaminants in aquifers[J]. Environmental Earth Sciences, 70: 2767-2784.

NEILL H, GUTIERREZ M, ALEY T, 2004. Influences of agricultural practices on water quality of Tumbling Creek cave